2019 客厅

精·选·图·鉴

现代简约风格

锐扬图书 编

U0214076

海峡出版发行集团 | 福建科学技术出版社
THE STRAITS PUBLISHING & DISTRIBUTING GROUP | FUJIAN SCIENCE & TECHNOLOGY PUBLISHING HOUSE

图书在版编目（CIP）数据

2019客厅精选图鉴.现代简约风格/锐扬图书编.—福
州：福建科学技术出版社，2019.1
ISBN 978-7-5335-5716-4

Ⅰ.①2… Ⅱ.①锐… Ⅲ.①住宅－客厅－室内装饰
设计－图集 Ⅳ.① TU241-64

中国版本图书馆CIP数据核字（2018）第242977号

书　　名　2019客厅精选图鉴　现代简约风格
编　　者　锐扬图书
出版发行　福建科学技术出版社
社　　址　福州市东水路76号（邮编350001）
网　　址　www.fjstp.com
经　　销　福建新华发行（集团）有限责任公司
印　　刷　福建新华印刷有限责任公司
开　　本　889毫米×1194毫米　1/16
印　　张　6
图　　文　96码
版　　次　2019年1月第1版
印　　次　2019年1月第1次印刷
书　　号　ISBN 978-7-5335-5716-4
定　　价　39.80元
　　　　　书中如有印装质量问题，可直接向本社调换

软装运用 →
金属与玻璃材质的家具，彰显了
现代风格时尚、新颖的特点。

木纹壁纸

有色乳胶漆

白色美耐板

艺术地毯

色彩搭配 ←
色彩鲜艳的地毯不仅没有丝毫
的俗气，反而呈现出时尚、清新
的感觉。

艺术地毯

印花壁纸

色彩搭配 ◀

多种色彩的互补搭配，彰显了现代风格配色热情奔放的一面。

白色板岩砖

有色乳胶漆

材料搭配 ◀

大面积的镜面，让空间呈现出时尚、奢华的视觉效果。

装饰茶镜

肌理壁纸

爵士白大理石

胡桃木金刚板

现代简约风格的特点

现代简约风格强调的是功能至上的原则，以最少的材料达到功能实现的要求。与现代人紧张忙碌的生活相适应，现代风格的客厅只强调必要的沙发、茶几和组合电器装置，不再有观赏性强的壁炉和繁琐的布艺窗帘等过分的装饰。

黄橡木金刚板

中花白大理石

色彩搭配 ➤

米色+白色+绿色的搭配，让客厅空间的氛围更加清新自然。

肌理壁纸

艺术地毯

装饰灰镜

艺术地毯

大理石肌理造型

白色玻化砖

中花白大理石

水曲柳饰面板

胡桃木饰面板

装饰银镜

色彩搭配 ▶

高明度的色彩运用增强了空间
的时尚感，使简约的客厅搭配更
加丰富。

白枫木饰面板

木质花格

装饰灰镜

软装运用 ◀

布艺沙发让客厅更显舒适，精心
挑选的装饰画更是为客厅搭配
增添了亮点。

材料搭配 ◄

木质板材与镜面的搭配，让电视墙的设计造型更别致、更有层次。

羊毛地毯　　　　拉丝钢化玻璃

色彩搭配 ◄

米色调的空间内，黄色、黑色、白色的点缀，让空间色彩搭配更有层次。

印花壁纸　　　　有色乳胶漆

胡桃木饰面板

中花白大理石

色彩搭配 →

黄色、红色、蓝色等高明度色彩的点缀运用，很好地缓解了大地色给空间带来的沉闷感。

直纹斑马木饰面板　　　　　　艺术地毯

车边银镜

黄橡木金刚板

布艺软包

米色洞石

泰柚木饰面板

灰白网纹大理石

布艺硬包

条纹壁纸

现代简约风格客厅的色彩特点

现代简约风格是以单种着色作为基本色调，如白色、浅黄色等，给人以纯净、文雅的感觉，增加室内的亮度，使人容易产生乐观的心态。也可以很好地运用对比和衬托，调和鲜艳的色彩，产生美好的节奏感和韵律感。

皮革硬包   装饰灰镜

印花壁纸

黑色烤漆玻璃

红橡木金刚板

羊毛地毯

米色大理石　　　　　　　　　　　　印花壁纸

材料搭配 ◄

镜面与石材的搭配，让电视墙的
硬装设计更有层次、更加丰富。

软装运用 ➤

组合装饰画是客厅搭配的亮点，
彰显了主人的品位与个性。

条纹壁纸　　　　　　　　　　　　白色乳胶漆

中花白大理石

黄橡木金刚板

软装运用 →

白色与黑色相结合的客厅家具，
呈现出无彩色系优雅的格调。

风化板　　　　　　　　　　　　　　有色乳胶漆

米黄大理石

黄橡木金刚板

肌理壁纸　　　　　　　　　　　　　椰壳板拼贴

水曲柳饰面板

雕花银镜

印花壁纸

黄橡木金刚板

胡桃木饰面板

装饰银镜

文化砖

米色玻化砖

色彩搭配 ➡
米色调的大面积运用，彰显了现
代风格温馨、雅致的一面。

白色人造大理石　　　艺术地毯

有色乳胶漆　　　　　　木质花格

软装运用 ➡
灰色布艺沙发的运用，呈现出空
间优雅的气质。

艺术墙贴   有色乳胶漆

软装运用 ◄

圆形金属支架茶几，凸显了现代风格家具造型简洁、选材新颖的特点。

材料搭配 →

壁纸与镜面的硬装搭配，彰显了空间设计的时尚与大气。

仿岩涂料   车边银镜

米黄大理石

木质花格

现代风格的家具特点

　　现代风格家具具有简洁明快、实用大方的特点。将金属、玻璃、水晶、皮毛、贝壳这些元素整合打造在家具中，形成一种非常低调奢华的风格，是现代风格家具的常见装饰手法。现代风格家具能给人带来前卫、不受拘束的感觉。除此之外，现代风格家具还蕴藏着新古典风格，这也是现代风格家具在含义中的升华。现代风格家具非常注重古典与现代双风格的结合，其完美的结合展现出现代风格家具的精髓。现代风格家具主要分板式家具、实木家具、金属家具、塑料家具等。

材料搭配 ◀
木纹大理石的纹理让设计造型简洁的电视墙显得更有层次。

木纹大理石　　　　　　　　　　　　　　　白色乳胶漆

皮革软包

印花壁纸

有色乳胶漆

条纹壁纸

风化板　　　　　　　　　　　　　有色乳胶漆

软装运用 ◄

米色的布艺沙发为客厅带来了一
份舒适与安逸的感受。

条纹壁纸

色彩搭配 ◄

米色与灰色的搭配，典雅舒适，
又不失时尚感。

泰柚木饰面板

中花白大理石

米色玻化砖

米白洞石

材料搭配 ↑

布艺饰面硬包的运用,很好地缓解了大面积石材给空间带来的生硬感。

色彩搭配 →

素色调的背景色,营造出一个宁静、舒适的客厅空间。

水曲柳饰面板

米黄大理石

肌理壁纸

陶瓷马赛克

有色乳胶漆

米黄大理石

木纹玻化砖

材料搭配 →

大理石的纹理让空间的硬装更显优雅。

灰白山纹大理石　　　　　　　　　有色乳胶漆

软装运用 ◄

浅灰色的布艺沙发，为现代简约风格客厅增添了一份传统复古的空间感受。

装饰茶镜　　　　　　　　　　　　彩色硅藻泥

爵士白大理石　　　　　　　木纹大理石

中花白大理石

装饰灰镜

彩色硅藻泥 艺术地毯

黑色烤漆玻璃

色彩搭配 ◄

绿色+白色的搭配，让客厅呈现
出现代田园风情的意韵。

软装运用 ◄

灯饰、家具、装饰画等软装元
素，都体现了现代风格时尚、精
致的特点。

如何选购环保型家具

1. 看材质、找标志。购买家具时，注意查看家具的材料，究竟是实木还是人造板材。一般来说，实木家具给室内造成污染的可能性较小。此外，要看家具上是否有国家认定的"绿色产品"标识，有这个标识的家具一般可以放心购买和使用。

2. 购买知名品牌。在与销售人员讨价还价的时候，不要忘了询问家具生产厂家的情况。一般来说，知名品牌、有实力的大厂家所生产的家具出现污染问题的情况比较少。

3. 小心刺激性气味。挑选家具时，一定要打开家具，闻一闻里面是否有刺激性气味，这是判定家具是否环保最有效的方法。如果刺激性气味很大，就证明家具采用的板材中含有很多游离性甲醛等有毒物质，购买后会污染室内空气，危害身心健康。

4. 触摸家具。如果通过以上三个办法仍难以判定家具是否环保，不妨摸摸家具的封边是否严密。严密的封边会把游离性甲醛密闭在板材内，不会污染室内空气。

爵士白大理石

中花白大理石

色彩搭配 →
黄色与蓝色的互补，让空间配色更活跃也更有层次感。

装饰壁画

有色乳胶漆

装饰灰镜

印花壁纸

米色网纹大理石

条纹壁纸

条纹壁纸

石膏板拓缝

色彩搭配 ➡

绿色与蓝色的运用, 为客厅呈现出一份清新、自然的视觉感受。

白色乳胶漆　　　　　　　　车边银镜

软装运用 ⬅

大量的原木色家具, 让现代简约风格客厅更显舒适, 更多了一份亲近自然的感觉。

白色板岩砖　　　　　　　　有色乳胶漆

密度板拓缝

艺术地毯

黑色烤漆玻璃

白橡木金刚板

艺术墙贴　　　　　　　　有色乳胶漆

色彩搭配 ◀

以米色与白色为主色调的客厅空间，淡绿色的加入为空间注入了一份不可或缺的自然气息。

有色乳胶漆　　　　　　　艺术地毯

软装运用 ◀

黑白条纹地毯是客厅软装搭配的亮点之一，它让客厅的色彩更有层次。

装饰茶镜

米色玻化砖

木纹玻化砖

米色网纹大理石

软装运用 →

布艺沙发与墙面色彩的呼应, 体现了软装与硬装搭配的整体感, 是客厅搭配的点睛之笔。

有色乳胶漆   米色玻化砖

爵士白大理石

胡桃木饰面板

条纹壁纸

陶瓷马赛克

有色乳胶漆

白枫木装饰线

软装运用 ◄

装饰画的运用，既能体现空间搭配的整体感又提升色彩层次，同时也呈现了视觉平衡美。

如何选购金属家具

1. 要注意家具的外观。市场上的金属家具一般为两类:电镀家具和烤漆类家具。电镀家具,对它的要求应是电镀层不起泡,不起皮,不露黄,表面无划痕。烤漆类家具,要保证漆膜不脱落,无皱皮,无疙瘩,无磕碰和划伤的痕迹。

2. 在选购以钢管为主的折叠床、折叠沙发时,要注意钢管的管壁不允许有裂缝、开焊,弯曲处无明显皱褶,管口处不得有刃口、毛刺和棱角。

3. 金属部件和钢管的连接要牢固,不能出现松动现象。螺钉帽要光滑平坦,无毛刺,无锉伤。

4. 购买金属家具前,要打开试用,检查四脚落地是否平稳一致,折叠产品要保证折叠灵活,但不能有自行折叠现象。

黑色烤漆玻璃

米色网纹大理石

爵士白大理石　　　　雕花银镜

米色网纹大理石

布纹砖

灰白色网纹大理石

水曲柳饰面板

条纹壁纸 中花白大理石

黑色烤漆玻璃　　　　　　　　　　　　　　　　　　木纹壁纸

印花壁纸

米色玻化砖

色彩搭配 →

沉稳的棕色让空间的重心更加稳定，起到收拢整个空间的作用，让视觉感受更加趋于稳定。

雕花银镜

米黄大理石

装饰银镜

软装运用 ◀

灰色布艺沙发彰显出现代风格
的高雅品位,蓝色抱枕点缀其
中,衬托出沙发的质感。

皮革硬包

木质花格

米黄洞石

白色乳胶漆

材料搭配 ◀

洞石装扮出电视墙典雅的美感,
玻璃材质的运用则增添了一份
时尚气息。

木纹大理石

木纹大理石

装饰灰镜

软装运用 →

大量布艺元素的运用,加强了空
间的舒适度;创意吊灯则彰显了
现代风格的设计感。

白色乳胶漆

白色人造大理石

仿岩涂料

胡桃木金刚板

中花白大理石

石膏板拓缝

白色乳胶漆

白色玻化砖

软装运用 ◀

吊灯的造型别致新颖，给客厅增添了现代气息与时尚感。

如何选购板式家具

1. 表面质量。选购时要看板材的表面是否有划痕、压痕、鼓泡、脱胶起皮和残留胶痕等缺陷；还要看木纹图案是否自然流畅，不要有人工造作的感觉。

2. 制作质量。板式家具是成型的板材经过裁锯、装饰封边、部件拼装制成的，其质量的好坏主要看裁锯质量、边和面的装饰质量以及板件端口的质量。

3. 金属件、塑料件的质量。板式家具均用金属件、塑料件作为紧固连接件，所以金属件的质量也决定了板式家具内在质量的好坏。金属件要求灵巧、光滑、表面电镀好，不能有锈迹、毛刺等，配合件的精度要求更高。

4. 甲醛释放量。板式家具一般以刨花板和中密度纤维板为基材，在选购时打开门和抽屉，若嗅到一股刺激性气味，造成流泪或引起咳嗽等，则说明家具中甲醛释放量超过标准规定，不宜选购。

印花壁纸

装饰壁布

软装运用 ➜
圆形错层水晶吊灯无疑是客厅装饰中的亮点，加强了整个空间的时尚感。

条纹壁纸

米白洞石

肌理壁纸　　　　　羊毛地毯

软装运用 ◀

木质家具与布艺沙发的搭配，呈现出现代风格亲近自然的一面。

色彩搭配 ◀

浅灰色作为背景色的客厅，打造出一种低调奢华的宁静氛围。

云纹大理石

泰柚木饰面板

米白洞石

中花白大理石

软装运用 ➡
深色调的家具让空间的视觉效
果更加稳定，与浅色调的硬装搭
配形成互补。

爵士白大理石

有色乳胶漆

仿木纹地砖

印花壁纸

条纹壁纸

中花白大理石

条纹壁纸　　　　艺术地毯

色彩搭配 →

少量明亮色彩的点缀,让棕色为主色调的空间视觉效果更加活跃、更有层次。

胡桃木饰面板　　　　　仿木纹玻化砖

材料搭配 ◂

软包与石材的色感相互延伸,令电视墙的装饰效果显得更加丰满、更有立体感。

布艺软包　　　　　白色玻化砖

印花壁纸

木纹玻化砖

泰柚木饰面板

木纹亚光地砖

黑色烤漆玻璃

材料搭配 ◀

玻璃、金属、大理石等装饰材料，彰显了现代风格硬朗、时尚的美感。

水曲柳饰面板

色彩搭配 ◀

木色与白色、米色、灰色的搭配，简洁舒适，又给人带来亲近自然的感受。

如何选购进口家具

　　首先，看是否有海关报关单；其次，一般进口商会有生产厂家的质量保证书；然后是要购买那些信誉好、有经济实力并且如遇质量问题能够承担责任的经销商的产品。消费者在挑选家具时要注意看边角、家具的每一组合处是否协调、组合缝是否严密。一般国内家具仿冒进口家具时，制作上由于技术标准低，工艺达不到要求，家具的接合处易出现高低不平、漆面不光滑、光洁度差等情况；另外，进口家具的五金组合件上一般都有国外品牌的商标，且光亮度好。

车边灰镜

印花壁纸

软装运用 →

家具的线条简洁，色调沉稳，呈现出舒适、安逸的空间氛围。

水曲柳饰面板　　　　　　　　　　羊毛地毯

雕花灰镜

胡桃木饰面板

中花白大理石

肌理壁纸

色彩搭配 ◄

米色+白色+黑色+灰色的搭配方式，让客厅尽显时尚。黄色与蓝色的运用，则在视觉上使空间更加活泼，明快。

爵士白大理石　　　　　米黄大理石

中花白大理石

胡桃木饰面板

羊毛地毯

印花壁纸

软装运用 →

浅灰色的布艺沙发，为空间呈现
出简洁、时尚的氛围。

红橡木金刚板

艺术地毯

肌理壁纸　　　　　　　　　米色玻化砖

黑色烤漆玻璃　　　　　　　　羊毛地毯

材料搭配 ◀
黑色烤漆玻璃的运用，增强了电视墙设计的时尚感。

有色乳胶漆　　　　　　　　　印花壁纸

色彩搭配 ◀
蓝色布艺沙发的运用，让空间的色彩基调更有层次感。

材料搭配 →

大理石与镜面的搭配层次分明，
视觉效果更加时尚。

米色网纹大理石

泰柚木饰面板

密度板拓缝

皮革硬包

灰白网纹大理石

材料搭配 ◀

硬装选材简洁、大气,却不失设计造型上的丰富与层次。

爵士白大理石

软装运用 ➡

布艺沙发的运用,让客厅的视觉与触觉都格外舒适。

肌理壁纸

中花白大理石

玻璃马赛克

如何选购沙发

1. 考虑舒适性。沙发的座位应以舒适为主，其坐面与靠背均应适合人体生理结构。

2. 注意因人而异。对老年人来说，沙发坐面的高度要适中。若太低，坐下、起来都不方便；对年轻夫妇来说，买沙发时还要考虑将来孩子出生后的安全性与耐用性，沙发勿要有尖硬的棱角，颜色选择鲜亮活泼一些为宜。

3. 考虑房间大小。小房间宜用体积较小或小巧的实木或布艺沙发；大客厅摆放较大沙发并配备茶几，更显舒适大方。

4. 考虑沙发的可变性。由5～7个单独的沙发组合成的组合沙发具有可移动性、变化性，可根据需要变换其布局，随意性较强。

5. 考虑与家居风格相协调。沙发的面料、图案、颜色要与居室的整体风格相统一。

木纹玻化砖

红樱桃木饰面板

软装运用 →

简洁线条的布艺沙发与造型别致的墙饰形成鲜明对比，更显搭配的层次与气质。

布艺软包

黄橡木金刚板

白色玻化砖

爵士白大理石

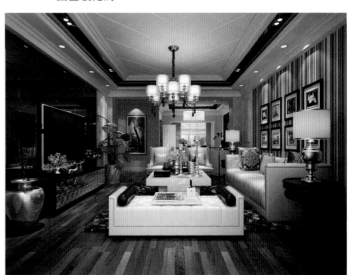

黑色烤漆玻璃

不锈钢条

中花白大理石

材料搭配 ◀

石材+金属+皮革的搭配让硬装
设计更加丰富，在视觉效果上更
有美感。

混纺地毯

装饰灰镜

软装运用 ➜

不同材质的家具彰显了现代风格家具的特点，也展现出时尚、自由的风格特点。

条纹壁纸

米色人造大理石

中花白大理石　　　　泰柚木饰面板

材料搭配 ➜

石材与木材的合理搭配，呈现出温馨、雅致的视觉效果。

软装运用 ◄

采用组合形式悬挂的装饰画是
客厅装饰搭配的亮点，呈现搭配
的创意与色彩的层次。

肌理壁纸

米白色人造大理石

装饰灰镜

混纺地毯

装饰灰镜

米色网纹大理石

混纺地毯　　　　　　　　　　　　　　　　水曲柳饰面板

泰柚木饰面板

米色抛光墙砖

羊毛地毯

皮革硬包

软装运用 ➡

客厅通过家具的简洁线条来彰显现代风格的实用与精致。

肌理壁纸　　　　　　　　　白色玻化砖

水曲柳饰面板　　　　　　布艺硬包

材料搭配 ⬅

布艺及木质装饰材料作为客厅的硬装材料，呈现出属于现代风格典雅的气质。

羊毛地毯

白色乳胶漆

木质电视墙在现代风格中的应用

　　木质材料因为造型丰富、价格便宜，所以在各种风格的装饰装修中应用得非常广泛。木质结构的现代风格电视墙可选用的材料有实木板材、复合板材或其他有木纹、花纹的板材。在制作时，将板材切割成一定的造型，钉在墙上即可。原来平淡的墙面，加上一道造型板，就成为客厅中一道亮丽的风景。需要注意的是，木板在被钉上墙前需要先打龙骨，会与原墙面有 1~3 厘米的距离，这样就可能会影响壁挂电视的固定。所以，木质电视墙设计好后，要和木工商量好具体操作的细节，尤其要注意设置固定电视用的龙骨。

白色板岩砖

米白色大理石

软装运用 ➜
造型复古别致的吊灯是整个空间装饰的亮点，为现代简约风格注入了一份复古韵味。

有色乳胶漆　　　　　　　　　黑色烤漆玻璃

灰镜装饰线

白色乳胶漆

中花白大理石

羊毛地毯

石膏板

装饰银镜

白色玻化砖

黑胡桃木饰面板

材料搭配 →

花白大理石的运用，让电视墙成
为整个客厅中硬装部分的最大
亮点。

中花白大理石

软装运用 →

棕红色的布艺沙发保证了客厅
搭配中视觉效果的稳定性。

木纹大理石

米白色玻化砖

材料搭配 →

板岩砖的运用, 丰富了客厅硬装设计的层次。

白色板岩砖　　　　　米色玻化砖

软装运用 ←

大理石饰面的组合茶几, 造型简洁大方, 美观实用, 彰显了现代风格家具的特点。

水曲柳饰面板

米色大理石　　　　　印花壁纸

色彩搭配 →

无彩色系的合理运用，彰显了现代风格简约、大气的配色特点。

中花白大理石

无缝饰面板

米色玻化砖

艺术地毯

米色大理石

米黄色玻化砖

艺术地毯

白色人造大理石

有色乳胶漆　　　　　　　艺术地毯

软装运用 ◄

客厅中家具的造型简洁,色彩柔和,搭配出一个清新、自然的空间氛围。

色彩搭配 ◄

以无彩色作为主题色的空间,简洁大气,米黄色的运用则增添了空间的色彩层次。

印花壁纸

如何选购乳胶漆

1. 用鼻子闻。真正环保的乳胶漆应该是水性、无毒、无味的，如果闻到有刺激性气味或工业香精味，就不能选购。

2. 用眼睛看。静置一段时间后，正品乳胶漆的表面会形成厚厚的、有弹性的氧化膜，不易裂；次品形成的膜很薄，易碎，且有辛辣气味。

3. 用手感觉。用木棍将乳胶漆搅拌均匀，再挑起来。优质乳胶漆往下流时会成扇面形。用手指摸，正品乳胶漆手感应该光滑、细腻。

4. 耐擦洗。可将少许涂料刷到水泥墙上，涂层干后用湿抹布擦洗，高品质的乳胶漆耐擦洗，而低档的乳胶漆擦几下就会出现掉粉、露底、褪色的现象。

5. 尽量到信誉好的正规商店或专卖店购买，购买国内、国际的知名品牌。选购时认清商品包装上的标识，特别是厂名、厂址、产品标准号、生产日期、有效期及产品使用说明书等。

印花壁纸

木质花格

材料搭配 →
木地板与布艺元素的搭配，打造出一个温馨、舒适的待客空间。

艺术地毯　　　　　　　　　　胡桃木金刚板

米色网纹大理石

羊毛地毯

布艺硬包

黄橡木金刚板

白色硅藻泥

条纹壁纸

仿洞石地砖　　　　　　　　　　　　　　　　　水曲柳饰面板

软装运用 ◀

造型新颖别致的吊灯，为简约的
客厅空间增添了一份科技感。

材料搭配 ➡

温润的石材与木质材料相搭配，
更显空间的层次以及优雅气质。

有色乳胶漆　　　　　　　　　　　　　　　　　水曲柳饰面板

仿古砖

浅啡网纹大理石

羊毛地毯

条纹壁纸

布艺硬包   装饰灰镜

色彩搭配 ◄

丰富的配色让空间更显时尚,视
觉效果更加丰富多彩。

中花白大理石

材料搭配 ◄

运用单一石材装饰的电视墙,简
约时尚,呈现出简洁大气的美感。

软装运用 →

装饰画的色彩是整个客厅配色中最抢眼的点缀。

白色人造大理石

肌理壁纸

白色人造大理石

羊毛地毯

仿木纹玻化砖

金箔壁纸

材料搭配 →

密度板的拓缝造型,呈现出现代
风格简约的美感。

羊毛地毯   密度板拓缝

软装运用 ←

大量的布艺元素增强了空间的
舒适度与美感。

木纹大理石

彩色硅藻泥   羊毛地毯

如何选购装饰玻璃

　　选购装饰玻璃应注意以下几点："看"，看颜色和通透度，这是最直观的，好的装饰玻璃色彩鲜明、上色均匀、形象逼真，极少有气泡和杂质；"摸"，用手感觉玻璃做工是否精细，好的装饰玻璃手感细腻、光滑、不毛糙，线路纹理流畅；"贴"，用透明胶布贴玻璃的上漆面，再把它撕下来，看油漆是否脱落；"闻"，新玻璃一般有股淡淡的清香。

米色网纹玻化砖

木纹玻化砖

色彩搭配 →
大胆的玫红色演绎出现代风格热情、奔放的一面。

装饰灰镜

印花壁纸

肌理壁纸

水曲柳饰面板

灰色洞石

中花白大理石

爵士白大理石

仿岩涂料

米色网纹大理石

仿岩涂料

直纹斑马木饰面板

中花白大理石

色彩搭配 ➤
米色与白色为背景色的空间内，
蓝色布艺沙发的运用让空间更
显宁静、安逸。

有色乳胶漆

印花壁纸

软装运用 →

装饰画题材体现了设计搭配的
整体感，同时彰显了搭配的平衡
之美。

白桦木金刚板 白色乳胶漆

色彩搭配 ←

黄色与蓝色的互补，让空间配色
更显明快，更显时尚。

有色乳胶漆

手绘墙饰

艺术地毯

材料搭配 →
镜面与石材增强了客厅空间时尚、大气的视觉感受。

印花壁纸　　　　　　　装饰银镜

中花白大理石

米白洞石

印花壁纸

木纹大理石

灰白色网纹玻化砖   车边银镜

灰白色网纹玻化砖

装饰银镜

黑色烤漆玻璃

浅啡网纹大理石

艺术地毯

米色玻化砖

软装运用 →

布艺沙发的颜色选择十分明智，让视觉效果更有整体感，也彰显出现代风格时尚优雅的气质。

有色乳胶漆

浅灰色网纹大理石

色彩搭配 →

蓝色的点缀运用，让空间配色更显明快、更活泼。

木纹玻化砖

艺术地毯　　　　　　米色玻化砖

软装运用 ➡

深灰色布艺沙发,为整个客厅空间
呈现出奢华、大气的现代美感。

布艺软包　　　　　　水曲柳饰面板

材料搭配 ⬅

木材、布艺等大量暖材质的运
用,营造出一个温馨、舒适的空
间氛围。

木纹亚光地砖

皮革硬包

如何选用无框磨边镜面扩大客厅视野

　　镜面是延伸和扩大空间的好材料，但是如果用得太多，或者使用的地方不合适，就会适得其反，让空间要么变成了练功房，要么成了高级化妆间，因此客厅的主体墙最好不用镜面装饰；其次，镜面面积不应超过客厅墙面面积的 2/5；最后，镜面的造型要选择简单的。此外，镜面安装结束后，边口的打胶处理一定要干净、整洁且牢固，这样才既安全又美观。

木纹大理石

白枫木饰面板

色彩搭配 ➡

通过少量的黄色、蓝色与绿色的点缀，让空间更有生气，氛围更加活跃。

白色板岩砖

浅啡网纹大理石

中花白大理石

有色乳胶漆

印花壁纸

中花白大理石

木纹大理石

色彩搭配 ◄

以米色作为空间的主色调，一抹蓝色的运用成为空间最抢眼的点缀，让配色更有层次。

陶瓷马赛克

黑色烤漆玻璃

材料搭配 ➤

硬装部分的选材丰富多样，彰显
了现代风格奢华、大气的一面。

中花白大理石

软装运用 ➤

造型简洁的板式家具美观实用，
彰显了现代简约风格的特点。

艺术地毯

有色乳胶漆

水曲柳饰面板   仿岩涂料

软装运用 ◀

科技感十足的吊灯是整个客厅中最抢眼的装饰，彰显了主人的品位与个性。

材料搭配 ➡

电视墙面的饰面板造型独特，为简约的空间设计增添了一份个性的美感。

中花白大理石   密度板拓缝

有色乳胶漆

白色玻化砖

肌理壁纸

爵士白大理石

中花白大理石

直纹斑马木饰面板

色彩搭配 →

黑色、白色、灰色与冷色调的搭配，让空间更有层次，视觉冲击力更强。

浅灰色网纹玻化砖

金属砖

木纹大理石

木纹玻化砖　　　　有色乳胶漆

色彩搭配 ◀

白色+灰色+棕色的色彩组合，简
洁时尚又不失层次感。

胡桃木饰面板　　　艺术地毯

材料搭配 ◀

硬装部分的装饰材料色调素雅，
让整个客厅的现代背景氛围更
加宁静、舒适。

条纹壁纸

米黄洞石

米色网纹大理石

仿木纹抛光砖

板岩砖

布艺软包

金属砖

白枫木装饰线

木纹玻化砖

茶色烤漆玻璃

艺术地毯

胡桃木金刚板

软装运用 ◄

色彩对比强烈的地毯，呈现出现代风格大气时尚的视觉效果。

如何用手绘图案来装饰墙面

　　手绘墙的装饰图案有很多，植物、动物、卡通、风景等，究竟哪些最适合您家庭装修的风格呢？不是什么好看就用什么，而是根据房间的整体色调、居住的人群、居室的风格而定，手绘墙本身主要起装饰的作用。与传统的墙纸相比，手绘的方式灵活、有趣且颜色更丰富，更容易让人融入自然，可以减少一天工作的疲劳，更能提高人的审美情趣，让艺术更贴近生活。

条纹壁纸

米色网纹大理石

色彩搭配 ➤

明亮的黄色成为整个空间色彩搭配的亮点，彰显出现代风格时尚的优雅气质。

米色网纹大理石

米色网纹玻化砖

有色乳胶漆

米色大理石　　黑金花大理石波打线

软装运用 ◀

装饰画的不规则排列，丰富了沙发墙面的设计，简约大气，不失创意。

泰柚木饰面板

木纹大理石

材料搭配 ◀

木饰面板的运用，为简约风格的空间增添了一份典雅的气质。

水曲柳饰面板

有色乳胶漆

米色玻化砖

有色乳胶漆

软装运用 →

深色地毯的运用使整个空间更具有张力，却也不乏温馨、舒适之感。

浅啡网纹大理石

肌理壁纸

装饰灰镜

木纹玻化砖

混纺地毯

车边银镜

白色乳胶漆

色彩搭配 →

灰色与白色在少量蓝色与绿色的点缀下，呈现出清爽时尚的视觉效果。

有色乳胶漆

有色乳胶漆　　　　　　　　　　印花壁纸

软装运用 ◀

简洁素雅的装饰画，给空间营造出一份宁静的视觉感受。

铁锈黄网纹大理石

条纹壁纸

直纹斑马木饰面板   中花白大理石

印花壁纸

红橡木金刚板

中花白大理石

色彩搭配 ◀

柠檬黄的单人座椅让空间的色
彩更加丰富，也为现代风格空间
增添了一份活跃感。

软装运用 →

白色家具的运用,让空间显得更加简洁、明快。

米色洞石　　　　　　　　　　布艺软包

皮纹砖

米色洞石

有色乳胶漆

米黄大理石

爵士白大理石

白色人造大理石

软装运用 →

将金属元素适当地融入家具中，增强了空间搭配的时尚感，也彰显了现代风格简洁大气的风格特点。

黑色烤漆玻璃

艺术地毯

材料搭配 ←

大理石的色泽柔和，纹理清晰自然，为现代风格空间增添了一份简洁、舒适的美感。

中花白大理石

有色乳胶漆

如何利用手绘墙弥补室内空间的不足

　　一些室内空间由于结构上或是功能上的需要，其局部在视觉上存在缺陷。当今的很多开发商为了在面积上节省空间，在套内结构的设计上显得很拥挤、凌乱，为了更大的利润，出现了很多不规矩的户型；另外，一些原本整洁的区域内出现了管道等不和谐的因素。这些先天就有缺陷的空间很需要一些有针对性的手绘墙来弥补。我们可以在管道周围画出缠绕的植物形象，从而使得管道不那么突兀、刺眼；可以在建筑结构中不协调的地方画上装饰物，从而使墙体的视觉效果更佳等。

泰柚木饰面板

黑色烤漆玻璃

软装运用 ➜

精美的地毯是客厅中的搭配亮点，柔化了金属家具冰冷的视觉感受。

黄橡木金刚板　　　　　　　艺术地毯

艺术地毯

米色玻化砖

板岩砖

黑胡桃木饰面板

实木装饰线密排

有色乳胶漆

色彩搭配 ➡

黑、白、灰的搭配简洁大方，又不乏层次感，呈现出现代风格的配色特点。

黑胡桃木饰面板

木纹玻化砖   木纹大理石

条纹壁纸

艺术地毯

白桦木饰面板

艺术地毯

中花白大理石

布艺硬包

黑色烤漆玻璃

白色人造大理石

软装运用 ◄

客厅中家具的造型简洁大方,令现代风格的简约美呈现得淋漓尽致。

软装运用 →

造型别致的大理石饰面茶几搭配金属框架，为空间增添了无限的时尚感。

白桦木饰面板   中花白大理石

印花壁纸

木纹玻化砖

黑色烤漆玻璃   中花白大理石

米色大理石

混纺地毯

深啡网纹大理石　　　　　　米色网纹大理石

软装运用 ◄

黑白色调的装饰画增强了客厅
搭配的平衡感，也让沙发墙面的
设计更丰富。

木纹壁纸　　　　　　　　　　　　　　中花白大理石